夢境叢林

臨床催眠治療師送給家長的兒童睡眠讀本

DRØMMEJUNGLEN

安娜·克納高｜Anna Knakkergaard——著

茉莉·達姆｜Julie Dam——繪

李明臻——譯

歡迎來到夢境叢林

作者——**安娜·克納高**
Anna Knakkergaard

丹麥醫師、臨床催眠治療師。曾任職於兒科，以及兒童與青少年精神科，並曾任教於丹麥奧胡思大學臨床醫學系。自2014年起開設私人診所，主要為兒童與青少年提供催眠治療，克服睡眠障礙。除了醫療工作以外，也經常擔任講師，向醫護專業人士講述臨床催眠。

作為一名母親與醫師，克納高曾於生活中遇見許多在懷孕與育兒時備感艱辛的女性，因此曾開發一款名為「催眠寶貝」（Hypnobaby）的APP，協助並陪伴女性與家庭面對生育路上的種種煩惱。另外，她也出版童書，為有睡眠問題的兒童與對此憂心忡忡的父母提供應對方式。

另著有《捕夢網》（Drømmefangeren）。

繪者——**茱莉·達姆**
Julie Dam

專職建築師，工餘時為童書繪製插畫。與醫師安娜·克納高合作，擔任《夢境叢林》與《捕夢網》的繪者。

譯者——**李明臻**

旅居北歐數載，正學著把他鄉活成家鄉。另一種形式的文字工作者，儘管處理的多半是法律文字。喜歡雪景，但要在溫暖的屋內欣賞；喜歡長途健行，但不能少了歇腳處的一碗熱湯。喜歡小小的聚會、真切的談話。喜歡沐浴在平凡的日常。

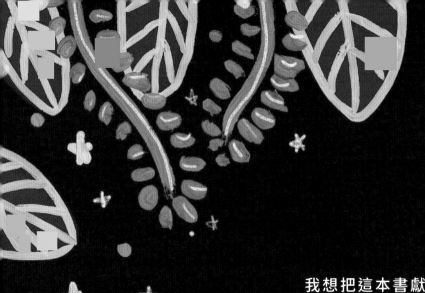

我想把這本書獻給
我的孩子們，以及
無數個我們共度的
閱讀時光。

安娜
Anna

給我的么弟——
以往當他難以成
眠時，常由我伴
他入睡。

茱莉
Julie

目次

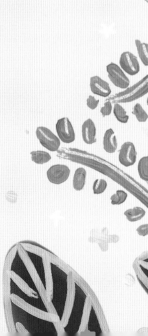

如何朗讀
本書故事

請用輕柔平靜的語調朗讀《夢境叢林》中的故事。記得放慢語速。
當你讀到「⋯」三個點時，請停頓一會兒。有些詞語中間加注了「
～」符號，例如「非～常」安靜，這表示你念到這個詞語時應該拉
長「～」前面的字。

蝴蝶會提供幫助、技巧與小訣竅。在你朗讀本書故事時，蝴蝶會一
路陪伴你，但請注意：這些標有蝴蝶圖示的段落不需要念出來。

本書由六則動物寶寶的故事所組成，而這些動物寶寶都難以入睡。
這些故事可以一則接著一則讀，也可以一則一則分開讀。

這些故事的開頭都是一樣的。「重複」能為孩子帶來安全感與平靜。如果家長想在念完一則故事後接著念下一則動物寶寶的故事，也可以選擇跳過故事開頭，直接從以下星星線後的文字開始念。

你的孩子會對故事中那些無法入睡的動物寶寶伸出援手。在聽故事的過程中，孩子會被引導進行一系列的放鬆練習。有些孩子喜歡所有的故事，而有些孩子則獨鍾某些故事。他們鍾愛的故事也有可能隨著時間過去而有所改變。

和你的孩子一起保持著開放的態度與好奇心——請記得，有時候我們第一次嘗試新事物就能無比順利，而也有些時候，我們需要多一點練習才能看見我們的努力發揮作用。

閱讀愉快！

安娜與茱莉 敬上

P.S.如果家長念一念故事，想換個方式，可以在App Store與Google Play中找到本書所有故事的有聲版本（此為丹麥語版本）。

這些有聲故事配上了和緩的叢林背景音樂。故事結束後，音樂會繼續播放，你的孩子便能在音樂聲中入睡。

夢境叢林裡的動物寶寶

樹懶多莉絲

該睡覺的時候，多莉絲總是垂著頭、憂心忡忡。如果有人能幫她處理腦中的這些想法就好了。

鸚鵡佩特拉

佩特拉非常愛說話。該睡覺時，她總還有做不完的事和說不完的話。也許和她玩一個「安靜遊戲」能幫助她入睡？

山貘托爾本

托爾本吃了太多咕嚕莓，肚子開始痛了起來。
他需要幫忙舒緩身體的不適，才能睡著。

吼猴比亞能

該睡覺時，比亞能總是想得太多。他需要放
下一些念頭，腦袋瓜才能得到安寧。

切葉蟻波蕾特

波蕾特覺得自己非常渺小，有點害怕。她需要
一面魔法盾牌，那可以給她充足的安全感，讓
她平靜下來。

美洲豹亞努斯

亞努斯的腿已經很長了，卻還繼續在長，讓
他有生長痛。尤其到了該睡覺的時候，他的
腿特別地痛。用叢林霜幫他按摩的話，能不
能讓他好一點？

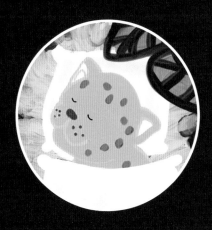

樹懶多莉絲

 請用輕柔平靜的語調朗讀這個故事。記得放慢語速。當你看到文中出現「…」三個點時，請暫停一下。此段文字是給講故事的大人的建議和指示，不需要念出來。閱讀愉快！

在夢境叢林裡，睡覺時間到了，所有的動物寶寶都該睡了。如果你不出聲，可能已經可以聽到一些動物寶寶微微的鼾聲，或是動物爸媽哄動物寶寶睡覺時發出的沙沙聲響。…大部分的動物已經睡著了。在高高的樹枝上，鳥兒安坐在巢裡，把頭縮在小小的翅膀下。小老鼠在柔軟的苔癬墊子上，沉沉睡去。一隻松鼠猴躺著蜷縮在他濃密的尾巴下，覺得溫暖又有安全感。

叢林中那些美麗的花兒，在夜裡收合起花瓣；雨林的葉片上倒掛著彩色的蝴蝶，他們正安心地沉睡著，期待明天的到來。…

夢境叢林的天空中，小星星們悄悄探出頭來，月亮也把柔和的光芒灑落在叢林中所有的動物與植物上。⋯在溫暖的夜晚，一位猴子媽媽在一床又厚又軟的葉子下，正哄著她的孩子睡覺。⋯

此時，你可以用和緩的力道，隔著孩子身上的被子按一按他。從肩膀開始，沿著身體和手臂往下按壓，一直按到孩子的腳掌。

就像所有在休息的動物寶寶一樣，你也可以感受看看該怎麼樣讓自己休息。⋯感受枕頭枕在你頭下的感覺，⋯也去感受你的頭放在枕頭上的感覺。⋯你可以感受看看你的床和床墊是怎麼支撐著你的，⋯你會感覺非常地安心與平靜，⋯當你聽著故事，你感覺越來越好。⋯有的小朋友喜歡現在就把眼睛閉起來，因為這樣他們可以好好地發揮自己的想像力。⋯有的小朋友會等一下，等到他覺得舒服的時候，讓越來越慵懶疲憊的眼睛自己慢慢閉上。⋯

但是，不是所有的動物寶寶都睡著了。⋯夢境叢林裡，不同角落中，有一些動物寶寶還睡不著。⋯希望你願意幫助他們平靜下來，讓他們能安心地入睡。

讓我們來看看樹懶多莉絲。她還沒睡著。…這其實滿有趣的，因為樹懶通常是放鬆專家，也是睡覺專家。…你應該知道，樹懶總是頭下腳上地倒掛在樹上。…也許你也有這樣垂掛著頭過。…

當人們說一個人「垂著頭」，有可能表示那個人心中很悲傷，很「喪氣」…也許他心中想著好多事情，…也許包括他根本無能為力的事情，…很多對事情沒有幫助的擔憂和想法，…而這些擔憂或想法會讓人睡不著…而且讓人感到害怕。…你以前應該也曾經這樣垂著頭，…而你應該也知道，一個人這樣垂頭喪氣時，他可能需要一些幫忙。…

希望你願意幫助多莉絲。…想要幫助她，你需要運用你的想像力。…如果你還沒有閉上你的眼睛，現在是個好時機。…這樣一來，你可以把想像力發揮得更好。…

 請耐心等候孩子閉上雙眼。如果孩子不想閉上眼睛，張著眼睛也可以。

當你準備好的時候，你可以把樹懶多莉絲抱起來。⋯你完全抱得動她，⋯她並不重。感受一下她灰棕色的毛有多麼柔軟。⋯你可能甚至可以感受到多莉絲那長長的手臂環繞著你的脖子，⋯感受看看當你抱起她的時候，她很放鬆，⋯然後，你們可以一起穿過夢境叢林⋯朝著神奇的瀑布前進。⋯

月光沿著你們經過的地方照得特別亮，讓你們可以輕鬆地看見前方的路，⋯當你們靠近瀑布的時候，四周安靜下來，又更明亮了一些，⋯因為那神奇的瀑布自己就在發光⋯發最美麗、最美麗的那種光。⋯也許今天瀑布是金色的，⋯也可能是一種完全不同的顏色⋯或者有很多不同的顏色。⋯不管今天神奇的瀑布看起來是什麼樣子，你都可以決定它的溫度，讓水溫恰恰好適合你，⋯也適合多莉絲，⋯不會太熱，也不會太冷，而是剛～剛好。⋯你們可以進入瀑布下方，感受柔軟、美妙的水流沖在身上，⋯那神奇的水可以沖走你所有傷心的念頭。⋯神奇的瀑布沖走你們不再需要的一切，⋯自然而然地⋯同時，好好享受和多莉絲一起站在瀑布下的時光。⋯

也許你已經能感受到，多莉絲感覺好多了⋯瀑布沖走你們不再需要的一切，讓她感覺越來越好。⋯有的小朋友和動物寶寶會發現：神奇瀑布的水在他們全身上下留下了一層閃亮亮的、精緻美麗的膜⋯身體裡面和外面都是，⋯那成了一個很棒的防護罩。⋯在現在這個時刻，當所有傷心的念頭被沖淡、甚至完全被沖走的時候⋯也許你也可以感受到多莉絲實際上有多累，⋯也許你可以聽到多莉絲打了個哈欠，⋯或是感覺到她的呼吸變得更慢、更平靜。⋯

從這裡開始，觀察孩子的狀況，考慮降低音量。

我想，多莉絲已經進入夢鄉了。⋯你得把她送回她住的那棵樹上了⋯然後輕輕地把她放在樹枝上，⋯在一簇綠色的樹葉後面，⋯安靜地、小心翼翼地。⋯

 此時，家長可以再一次用和緩的力道，隔著孩子身上的被子按一按他。

好好感受多莉絲帶來的平靜與溫暖，⋯她安心且平靜地睡著了。⋯如果你想要的話，你可以和她躺在一起⋯就在這個夢境叢林裡，⋯或者，你也可以回到自己的床上，讓叢林裡的美夢來到你身邊。⋯

 床邊故事可以在這裡結束。或者，你也可以繼續念本書中的其他故事。

鸚鵡佩特拉

請用輕柔平靜的語調朗讀這個故事。記得放慢語速。當你看到文中出現「…」三個點時,請暫停一下。此段文字是給講故事的大人的建議和指示,不需要念出來。閱讀愉快!

在夢境叢林裡,睡覺時間到了,所有的動物寶寶都該睡了。如果你不出聲,可能已經可以聽到一些動物寶寶微微的鼾聲,或是動物爸媽哄動物寶寶睡覺時發出的沙沙聲響。…大部分的動物已經睡著了。在高高的樹枝上,鳥兒安坐在巢裡,把頭縮在小小的翅膀下。小老鼠在柔軟的苔癬墊子上,沉沉睡去。一隻松鼠猴躺著蜷縮在他濃密的尾巴下,覺得溫暖又有安全感。

叢林中那些美麗的花兒,在夜裡收合起花瓣;雨林的葉片上倒掛著彩色的蝴蝶,他們正安心地沉睡著,期待明天的到來。…

夢境叢林的天空中，小星星們悄悄探出頭來，月亮也把柔和的光芒灑落在叢林中所有的動物與植物上。⋯在溫暖的夜晚，一位猴子媽媽在一床又厚又軟的葉子下，正哄著她的孩子睡覺。⋯

此時，你可以用和緩的力道，隔著孩子身上的被子按一按他。從肩膀開始，沿著身體和手臂往下按壓，一直按到孩子的腳掌。

就像所有在休息的動物寶寶一樣，你也可以感受看看該怎麼樣讓自己休息。⋯感受枕頭枕在你頭下的感覺，⋯也去感受你的頭放在枕頭上的感覺。⋯你可以感受看看你的床和床墊是怎麼支撐著你的，⋯你會感覺非常地安心與平靜，⋯當你聽著故事，你感覺越來越好。⋯有的小朋友喜歡現在就把眼睛閉起來，因為這樣他們可以好好地發揮自己的想像力。⋯有的小朋友會等一下，等到他覺得舒服的時候，讓越來越慵懶疲憊的眼睛自己慢慢閉上。⋯

但是，不是所有的動物寶寶都睡著了。⋯夢境叢林裡，不同角落中，有一些動物寶寶還睡不著。⋯希望你願意幫助他們平靜下來，讓他們能安心地入睡。

誰在說話？真吵。…讓我們試著找出這團混亂的源頭。如果我沒猜錯的話，這些噪音一定全部都是鸚鵡佩特拉製造出來的。…她總是有好多事可以做，…好多話可以說，…即使是在她該睡覺的時候。…

這種感覺你一定很熟悉。…當一個人很累很累的時候，身體裡面有太多能量的那種感覺。…在該上床睡覺的時候…突然間，腦中湧現好多現在好～想做的事…或好～想跟別人講的話。…佩特拉的媽媽把這叫做「假能量」，…因為，佩特拉最需要的其實是放鬆，好～好地放鬆。…有的時候，這可能不那麼容易，…但其實她有能力輕輕鬆鬆地做到，…就像你也有能力做到一樣，…她只需要一點幫助。

讓我們看看她小小的身體跳來跳去的樣子。…她柔軟的羽毛美麗多彩，她一邊跳，羽毛一邊四射光芒。…被她這麼一跳，枕頭又得抖一抖了，…東西也得歸位，…看起來，她有點難乖乖地躺在溫暖的小巢裡。…羽毛需要好～好地整理一番，…現在她還口渴了。…

希望你願意幫助佩特拉。…想要幫助她，你需要運用你的想像力。…如果你還沒有閉上你的眼睛，現在是個好時機。…這樣一來，你可以把想像力發揮得更好。…

 請耐心等候孩子閉上雙眼。如果孩子不想閉上眼睛，張著眼睛也可以。

你可以先教佩特拉玩一個「安靜遊戲」。…試著保持安靜，…完全不要出聲，…然後注意你周遭的所有聲音。…

當你閉上眼睛、保持安靜，你突然可以聽到很多你以前可能根本沒注意過的聲音。…可能是你所在的這個房間裡的聲音，…從很近的地方發出來的，…或是遠一點的地方發出來的。…也有可能是房間外面的的聲音，…在附近，…或來自遠方。…如果你仔細聽，也許你甚至可以聽到耳朵裡傳來沙沙的聲音…就像風聲，或者海的聲音，美好、又讓人覺得放鬆。…或者是夢境叢林裡傳來的聲音。…

教一教佩特拉該怎麼把她的翅膀放在肚子上，…你可以把手放在你的肚子上示範給她看。…你應該知道，不管是人類或動物，肚子裡都藏著一個像氣球一樣的東西。…當你吸氣時，氣球會膨〜脹〜…然後再縮回去。…

 這個時候，家長可以跟著孩子呼吸的節奏，當孩子吸氣時，你說「膨脹」，而當孩子吐氣時，你說「縮回去」。這會有幫助。請重複好幾次。

膨〜脹〜…然後再縮回去。…

不知道你的氣球是什麼顏色的呢…也不知道佩特拉的氣球是什麼顏色的？…有的小朋友說他們的氣球很溫暖又柔軟，…就像一個溫熱的水球。…

和佩特拉一起想像看看，你們該怎麼把氣球縮小…然後把小氣球從肚子送到你們的腿。…然後，氣球可以再縮得更小…把氣球再送到腳掌…最後，把氣球送～到腳趾頭，…變成一個好小好小的氣球。從你的腿…你的腳掌…到你的腳趾頭，注意看看你的身體在氣球經過的時候，變得多～麼柔軟與放鬆。…就像在做一種身體裡面的按摩。…然後，你可以讓氣球移到另一條腿，…一直送到那條腿的腳掌，再到所有的腳趾頭，…直到這條腿…還有腳掌…和全～部的腳趾頭都變得非常柔軟與放鬆。…也許你可以感覺到你的雙腿很沉，而且非～常暖和…很舒適，很慵懶。…然後，你可以再把氣球送回你的肚子…接著再把氣球往上送到你的胸口。…

這個時候，你可以輕輕地把孩子的一隻手放在他的肚子上，另一隻手放在胸膛上。

然後，你可以感受看看，胸口裡面變得好寬敞，…這讓你感覺非常舒服。…氣球到過的所有地方，都變得柔軟而美妙。…接著，讓氣球繼續移動，從胸口開始，上到你一邊的肩膀，…氣球再次變小，小到可以穿過你的手臂，…繼續往手掌去…然後再完～全進入你所有的手指。…這樣子，你的整條手臂…還有手掌…和所有的手指都變得非～常柔軟和放鬆。…

再把氣球也送到另一邊的肩膀⋯繼續往下送到手臂⋯進到手掌⋯然後再完～全進入你所有的手指。⋯注意你兩邊的手臂⋯還有手掌⋯和所有的手指都感覺柔軟而溫暖⋯也許也非常地沉且慵懶，⋯很舒服的那種感覺。⋯最後，你可以讓氣球往最～上面去，先到達你的脖子⋯再到你的頭，⋯到頭的外面，⋯再到頭的裡面，⋯這樣一來你的脖子⋯還有你的頭，都變得柔軟而放鬆，⋯所有的思緒都平靜下來。⋯身體變得軟綿綿的，完全放鬆了下來。⋯想睡的、溫暖的身體。⋯好舒服⋯好安心。

從這裡開始，觀察孩子的狀況，考慮降低音量。

我想，佩特拉快要睡著了，⋯或者她可能已經進入夢鄉了。⋯至少，她已經完全安靜下來了。⋯你可以好好地安撫她，讓她在柔軟的巢裡入睡。⋯

此時，家長可以再一次用和緩的力道，隔著孩子身上的被子按一按他。

現在，你可以聽一聽佩特拉和緩的呼吸聲⋯感受她柔軟的羽毛⋯還有她放鬆的身體。⋯安心、而且平靜。⋯你可以和她一起躺著，⋯感覺平靜，而且身體又溫暖又柔軟⋯和佩特拉一起躺在巢裡，⋯在夢境叢林中，⋯或者，你可以回到自己的床上，讓叢林裡的美夢來到你的身邊。⋯

床邊故事可以在這裡結束。或者，你也可以繼續念本書中的其他故事。

山貘托爾本

請用輕柔平靜的語調朗讀這個故事。記得放慢語速。當你看到文中出現「…」三個點時,請暫停一下。此段文字是給講故事的大人的建議和指示,不需要念出來。閱讀愉快!

在夢境叢林裡,睡覺時間到了,所有的動物寶寶都該睡了。如果你不出聲,可能已經可以聽到一些動物寶寶微微的鼾聲,或是動物爸媽哄動物寶寶睡覺時發出的沙沙聲響。…大部分的動物已經睡著了。在高高的樹枝上,鳥兒安坐在巢裡,把頭縮在小小的翅膀下。小老鼠在柔軟的苔蘚墊子上,沉沉睡去。一隻松鼠猴躺著蜷縮在他濃密的尾巴下,覺得溫暖又有安全感。

叢林中那些美麗的花兒,在夜裡收合起花瓣;雨林的葉片上倒掛著彩色的蝴蝶,他們正安心地沉睡著,期待明天的到來。…

夢境叢林的天空中，小星星們悄悄探出頭來，月亮也把柔和的光芒灑落在叢林中所有的動物與植物上。⋯在溫暖的夜晚，一位猴子媽媽在一床又厚又軟的葉子下，正哄著她的孩子睡覺。⋯

此時，你可以用和緩的力道，隔著孩子身上的被子按一按他。從肩膀開始，沿著身體和手臂往下按壓，一直按到孩子的腳掌。

就像所有在休息的動物寶寶一樣，你也可以感受看看該怎麼樣讓自己休息。⋯感受枕頭枕在你頭下的感覺，⋯也去感受你的頭放在枕頭上的感覺。⋯你可以感受看看你的床和床墊是怎麼支撐著你的，⋯你會感覺非常地安心與平靜，⋯當你聽著故事，你感覺越來越好。⋯有的小朋友喜歡現在就把眼睛閉起來，因為這樣他們可以好好地發揮自己的想像力。⋯有的小朋友會等一下，等到他覺得舒服的時候，讓越來越慵懶疲憊的眼睛自己慢慢閉上。⋯

但是，不是所有的動物寶寶都睡著了。⋯夢境叢林裡，不同角落中，有一些動物寶寶還睡不著。⋯希望你願意幫助他們平靜下來，讓他們能安心地入睡。

讓我們下到泥巴坑裡，看看山貘托爾本吧。…他還沒睡著呢。…事實上，他有點不安穩地躺著，…他那帶有條紋的小身體翻來覆去，…還稍微發出一些嗚咽聲。…

他應該是肚子痛。他常常這樣。…托爾本和很多小朋友一樣，肚子有點敏感，這讓他很容易肚子痛。…有的時候，肚子痛在托爾本覺得興奮和開心的時候發作，…有的時候，肚子痛則是在他傷心的時候發生，…但是，今天他會肚子痛大概是因為他吃太多了。…托爾本老是這樣。…他很愛吃；即使他吃飽了，還是很難停下來。…這一次，他吃了太多紅色的咕嚕莓。…這些咕嚕莓正成熟，香甜又美味，…但托爾本好像忘記了為什麼這個果子叫做咕嚕莓。…現在，他的肚子咕嚕咕嚕叫，…那個聲音和泥巴坑冒泡的聲音有得比，…這讓他很難入睡。…

希望你願意幫助托爾本，讓他的肚子舒服一點，他才好入睡。…想要幫助他，你需要運用你的想像力，…如果你還沒有閉上你的眼睛，現在是個好時機。…這樣一來，你可以把想像力發揮得更好。…

 請耐心等候孩子閉上雙眼。如果孩子不想閉上眼睛，張著眼睛也可以。

當你準備好了，你可以示範給托爾本看，該怎麼把雙手輕輕地放在肚子上，…而托爾本還可以把他的腳放在肚子上。…

 稍等一下，讓孩子把雙手放在肚子上。

你們可以讓雙手待在肚子上…你們會發現，…手和肚子中間正悄悄地變得溫暖舒適。…接下來，你可以教托爾本怎麼把雙手的溫暖…或者從雙腳傳來的暖意…融化進肚皮裡…用很柔軟而美妙的那種融化方法，…也許就像是奶油融化在燕麥粥上，…完～全進入你的肚子，…或者，那種感覺可能更像一道閃耀的光，…從手裡照射出來，…往下穿透了你的皮膚…再充滿了你的整個肚子。…

你應該可以感覺到這樣做會讓你的肚子多麼舒服，…對托爾本的肚子來說也是如此。這感覺就好像你的肚子上形成了一層保護層一樣，…彷彿肚子被塗上了一層有保護力的光，…或者，也許是一種特別的顏料，…那讓你和你的肚子感到舒服。…這個保護層讓你的肚子變得柔軟又溫暖，…柔軟又溫暖的肚子，…然後，你可以感覺到你的肚子變得越來越舒服，…托爾本也覺得越來越舒服…自然而然地越來越舒服。…

從這裡開始，觀察孩子的狀況，考慮降低音量。

觀察看看托爾本是怎麼平靜下來的，⋯你們的肚子也平靜下來了。⋯托爾本的肚子⋯還有你的肚子。⋯溫暖而柔軟的肚子。⋯如果你想要的話，你可以貼近托爾本一些，在夢境叢林那溫暖、冒著泡泡的泥巴坑中⋯去感覺從托爾本那柔軟的身體傳到你皮膚的溫暖。⋯

或者，如果你比較想睡在自己的床上，⋯你可以小心地從泥巴坑裡溜出來，⋯安靜且輕輕地溜出來，⋯然後，回到你自己的床上，讓叢林裡的美夢來到你的身邊。⋯

 床邊故事可以在這裡結束。或者，你也可以繼續念本書中的其他故事。

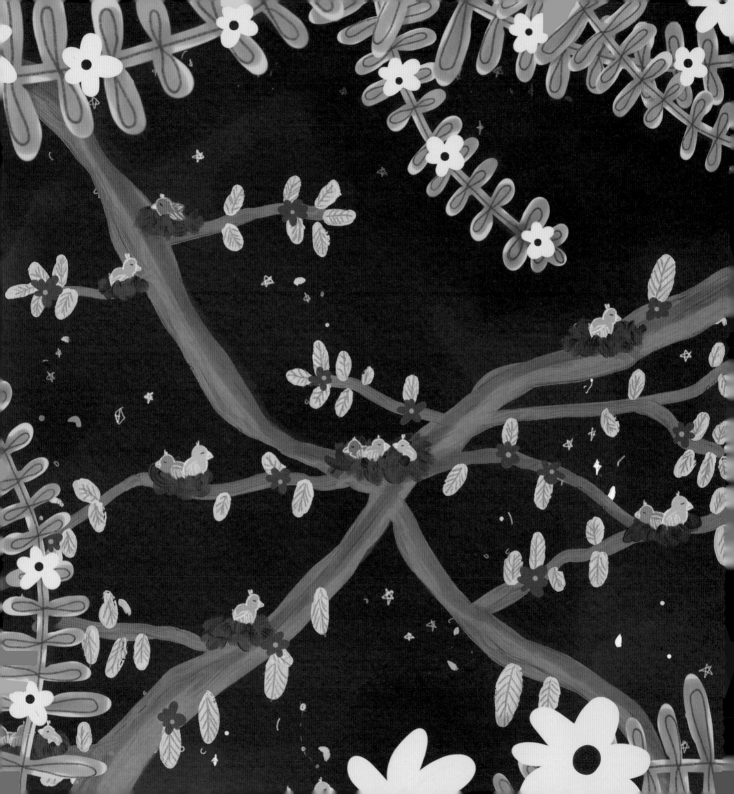

吼猴比亞能

請用輕柔平靜的語調朗讀這個故事。記得放慢語速。當你看到文中出現「…」三個點時，請暫停一下。此段文字是給講故事的大人的建議和指示，不需要念出來。閱讀愉快！

在夢境叢林裡，睡覺時間到了，所有的動物寶寶都該睡了。如果你不出聲，可能已經可以聽到一些動物寶寶微微的鼾聲，或是動物爸媽哄動物寶寶睡覺時發出的沙沙聲響。…大部分的動物已經睡著了。在高高的樹枝上，鳥兒安坐在巢裡，把頭縮在小小的翅膀下。小老鼠在柔軟的苔癬墊子上，沉沉睡去。一隻松鼠猴躺著蜷縮在他濃密的尾巴下，覺得溫暖又有安全感。

叢林中那些美麗的花兒，在夜裡收合起花瓣；雨林的葉片上倒掛著彩色的蝴蝶，他們正安心地沉睡著，期待明天的到來。…

夢境叢林的天空中，小星星們悄悄探出頭來，月亮也把柔和的光芒灑落在叢林中所有的動物與植物上。⋯在溫暖的夜晚，一位猴子媽媽在一床又厚又軟的葉子下，正哄著她的孩子睡覺。⋯

此時，你可以用和緩的力道，隔著孩子身上的被子按一按他。從肩膀開始，沿著身體和手臂往下按壓，一直按到孩子的腳掌。

就像所有在休息的動物寶寶一樣，你也可以感受看看該怎麼樣讓自己休息。⋯感受枕頭枕在你頭下的感覺，⋯也去感受你的頭放在枕頭上的感覺。⋯你可以感受看看你的床和床墊是怎麼支撐著你的，⋯你會感覺非常地安心與平靜，⋯當你聽著故事，你感覺越來越好。⋯有的小朋友喜歡現在就把眼睛閉起來，因為這樣他們可以好好地發揮自己的想像力。⋯有的小朋友會等一下，等到他覺得舒服的時候，讓越來越慵懶疲憊的眼睛自己慢慢閉上。⋯

但是，不是所有的動物寶寶都睡著了。⋯夢境叢林裡，不同角落中，有一些動物寶寶還睡不著。⋯希望你願意幫助他們平靜下來，讓他們能安心地入睡。

讓我們到樹上找吼猴比亞能吧。⋯可愛、軟呼呼的比亞能有著長長的、毛茸茸的尾巴。⋯他有時候覺得有點難睡著。⋯他該睡覺的時候，常常想到各種不同的事情。⋯有好事，⋯有困擾著他的事，⋯甚至也有讓他生氣或傷心的事。⋯這應該讓你感覺很熟悉吧。⋯一邊躺著、一邊想到好多事情，讓人實在好難睡著。⋯有的人覺得這樣叫做「縝密思考」。⋯問題在於太縝密的思考沒什麼用，⋯尤其是在一個人很累的時候，⋯那只會讓人心煩。⋯

看來今天，比亞能又被好多的念頭困擾著。⋯他柔軟的吊床正在來回擺盪，這至少表示他還沒睡。⋯讓我們幫助比亞能，讓他別再想那麼多，⋯這樣子，他就能更輕易地入睡。⋯

想要幫助他，你需要運用你的想像力，⋯如果你還沒有閉上你的眼睛，現在是個好時機。⋯這樣一來，你可以把想像力發揮得更好。⋯

請耐心等候孩子閉上雙眼。如果孩子不想閉上眼睛，張著眼睛也可以。

46

首先，你可以示範給比亞能看怎麼舒服地躺好，⋯然後，你們會注意到，當你們吸氣的時候，鼻孔附近的空氣變涼了一些⋯當你們呼氣的時候，鼻孔附近的空氣又變得暖了一些。⋯

這個時候，家長可以配合著孩子的呼吸下指令——當孩子吸氣時，你說：「涼涼的～」；當孩子吐氣時，你則說：「暖暖的～」。

⋯吸氣，涼涼的～；⋯吐氣，暖暖的～。

⋯吸氣，涼涼的～；⋯吐氣，暖暖的～。

⋯好棒！

每一次吐氣的時候，想像你用鼻子吹出泡泡。⋯很多美～麗的、圓圓的泡泡，⋯也許就像肥皂泡泡，⋯在你每一次吐氣的時候出現。⋯

然後，運用你的想像力⋯把所有你不需要的東西，⋯放進那些泡泡裡面。⋯你可以把你害怕的事情放進去⋯或是放任何的想法進去⋯也可以把身體裡的某種感覺放進去。⋯把這些你現在不需要的東西放進泡泡裡之後，你可以像吹肥皂泡泡一樣地把它們都吹走。⋯小的泡泡、大的泡泡，都飄起來，越飄越遠⋯最後，泡泡不是消失了，就是輕輕地「啵！」一聲破掉了。⋯

慢～慢來～，⋯把所有你現在用得到的泡泡都吐出來、吹走⋯把所有你現在想要吐出來、吹走的泡泡都吐出來、吹走。⋯

也有可能，你有一些想法⋯或感受，⋯是你不願意放下的，⋯但當你該睡覺的時候，這些想法或感受會干擾你。⋯裝了這些美好想法的泡泡，⋯裝了這些美好感受的泡泡⋯對，所有你想保存下來的好泡泡，⋯都可以變成星星，高高掛在夢境叢林的天空中。⋯在你睡覺時，美麗、精緻的星星⋯，就停留在天空中閃耀。⋯這樣子，當你需要這些想法和感受的時候，你就可以輕易地找回它們。⋯天空中美麗的、發著光的星星，⋯又精緻、又明亮。⋯你還可以在夢境叢林的天空中⋯用那些好泡泡變成的星星⋯創造你專屬的星座。⋯所有你期待的事，⋯所有即將成真的夢想⋯就保存在天空中。⋯

你可以把你現在用得到的所有泡泡全都吐出來。⋯包括那些該飄走、消失的泡泡，⋯還有那些要儲存在星空中的泡泡。⋯你可以就這樣一直吐泡泡，⋯你需要多久，就吐多久。⋯直到你可以感覺到，⋯所有該飄走的泡泡都飄走了⋯該在天空中閃耀的都美麗地閃耀著。⋯吹吧，把泡泡都吹～出來。⋯

從這裡開始，觀察孩子的狀況，考慮降低音量。

我想，比亞能已經快要睡著了。⋯至少，他已經變得很平靜，⋯而他的吊床也不再大力擺盪。⋯現在，吊床只是輕輕地來回搖晃著。⋯晃過去⋯再晃回來。⋯也許你想要和比亞能一起躺在吊床裡。⋯就在這裡安靜而平緩地搖著，晃過去、再晃回來。⋯令人覺得溫暖又安心。⋯一邊在夢境叢林清澈的夜空下，⋯享受叢林裡清新的空氣。⋯

好好感受比亞能柔軟的毛貼著你的皮膚。⋯也許你甚至可以聽到他睡覺時微微發出的嘖嘖聲響。⋯很安心、很平靜。⋯你可以待在這裡⋯⋯或者，你也可以回到自己的床上，讓叢林裡的美夢來到你的身邊。⋯

床邊故事可以在這裡結束。或者，你也可以繼續念本書中的其他故事。

切葉蟻波蕾特

請用輕柔平靜的語調朗讀這個故事。記得放慢語速。當你看到文中出現「⋯」三個點時，請暫停一下。此段文字是給講故事的大人的建議和指示，不需要念出來。閱讀愉快！

在夢境叢林裡，睡覺時間到了，所有的動物寶寶都該睡了。如果你不出聲，可能已經可以聽到一些動物寶寶微微的鼾聲，或是動物爸媽哄動物寶寶睡覺時發出的沙沙聲響。⋯大部分的動物已經睡著了。在高高的樹枝上，鳥兒安坐在巢裡，把頭縮在小小的翅膀下。小老鼠在柔軟的苔蘚墊子上，沉沉睡去。一隻松鼠猴躺著蜷縮在他濃密的尾巴下，覺得溫暖又有安全感。

叢林中那些美麗的花兒，在夜裡收合起花瓣；雨林的葉片上倒掛著彩色的蝴蝶，他們正安心地沉睡著，期待明天的到來。⋯

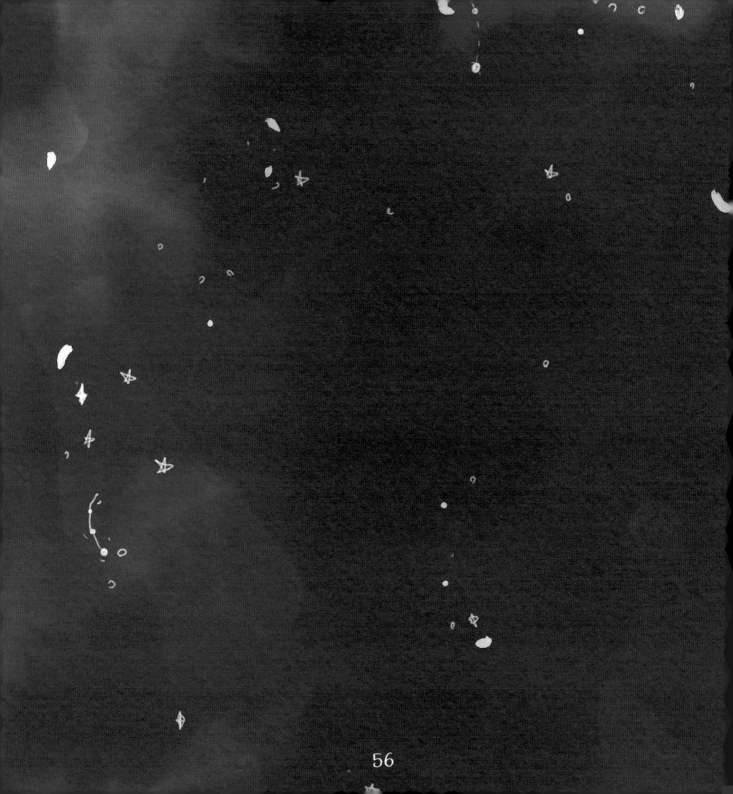

夢境叢林的天空中，小星星們悄悄探出頭來，月亮也把柔和的光芒灑落在叢林中所有的動物與植物上。⋯在溫暖的夜晚，一位猴子媽媽在一床又厚又軟的葉子下，正哄著她的孩子睡覺。⋯

此時，你可以用和緩的力道，隔著孩子身上的被子按一按他。從肩膀開始，沿著身體和手臂往下按壓，一直按到孩子的腳掌。

就像所有在休息的動物寶寶一樣，你也可以感受看看該怎麼樣讓自己休息。⋯感受枕頭枕在你頭下的感覺，⋯也去感受你的頭放在枕頭上的感覺。⋯你可以感受看看你的床和床墊是怎麼支撐著你的，⋯你會感覺非常地安心與平靜，⋯當你聽著故事，你感覺越來越好。⋯有的小朋友喜歡現在就把眼睛閉起來，因為這樣他們可以好好地發揮自己的想像力。⋯有的小朋友會等一下，等到他覺得舒服的時候，讓越來越慵懶疲憊的眼睛自己慢慢閉上。⋯

但是，不是所有的動物寶寶都睡著了。⋯夢境叢林裡，不同角落中，有一些動物寶寶還睡不著。⋯希望你願意幫助他們平靜下來，讓他們能安心地入睡。

不知道切葉蟻波蕾特還好嗎？⋯她是夢境叢林中最小的動物之一，而她很容易感到害怕，⋯尤其是天黑的時候。⋯夢境叢林裡有好多聲音，⋯天黑以後，你就再也看不到聲音從哪裡來。⋯波蕾特很容易害怕，她怕有危險的事情要發生。⋯你也許很熟悉這種感覺。⋯天黑以後，害怕的感覺。⋯

有時候，事情和它表面看起來的樣子完全不同，⋯想像力可能會發揮作用，反過來捉弄我們。⋯我們可能就這樣被自己的幻想給騙了。⋯不管是人類小朋友，或是動物寶寶，都有著非常豐富的想像力，⋯你也是，⋯但天黑的時候，想像力卻會有一點點惱人。⋯一個人可能會突然感覺自己很渺小⋯又有點害怕。⋯幸好，大人可以幫忙，⋯也幸好，你可以幫助波蕾特。⋯希望你願意幫助她。⋯

想要幫助她，你需要運用你的想像力，⋯如果你還沒有閉上你的眼睛，現在是個好時機。⋯這樣一來，你可以把想像力發揮得更好。⋯

請耐心等候孩子閉上雙眼。如果孩子不想閉上眼睛，張著眼睛也可以。

波蕾特一定已經忘記自己有多麼強壯了。⋯她可是一隻螞蟻，其實可以舉起比她體重還要重好幾倍的東西。⋯這是螞蟻的祕密超能力。⋯不知道你的祕密超能力是什麼？⋯波蕾特也是大家庭中的一分子，⋯同樣的，你也是家庭中的一分子。⋯當一個群體中的一部分很不錯，⋯這樣子，你就永遠不會是自己一個人。⋯

雖然如此，波蕾特現在還是感覺害怕⋯她需要多一點點的幫助，才能完全入睡。⋯讓我們教教她怎麼做出一面魔法盾牌。⋯其實，波蕾特已經有一面盾牌了。⋯她可是一隻昆蟲，因此她的骨骼包在她的身體外面⋯就像一面堅硬的盾牌，可以保護她⋯但是，她顯然也忘記這件事了。⋯

你可以示範給波蕾特看，怎麼輕輕鬆鬆做出一面魔法盾牌。⋯其實，你只需要閉上眼睛，運用你的想像力⋯就可以打造出這～樣一面符合你的需要的盾牌。⋯一面安全可靠的盾牌。⋯如果你仔細感受，⋯也許你甚至可以感覺到這面盾牌完整覆蓋你的全身，⋯波蕾特也一樣可以仔細感受。⋯

這面盾牌特殊到，所有不愉快的東西，⋯那些你不需要的東西，⋯都可以抵擋得住。⋯這樣子，你就可以好好地躲在盾牌後面，讓它保護你。⋯至於所～有對你有幫助的東西，⋯都可以輕鬆地穿過盾牌，讓你感到愉快，⋯並且幫助你。⋯你甚至可以加強魔法盾牌的法力，⋯讓那些對你有幫助的東西不能再穿出去盾牌外，⋯讓那些能讓你開心的東西停留在盾牌後面，保護著你。⋯有些小朋友⋯還有一些動物寶寶⋯很容易就可以想像出他們盾牌的顏色。⋯也許盾牌甚至有好多種顏色。⋯

注意看看波蕾特躲在盾牌後面有多麼安心…好好感覺一下。…你也可以和波蕾特一樣完全安下心來。…非～常安心，…而且非常、非常平靜。…波蕾特能運用自己的想像力…讓她的那面盾牌安全可靠地恰到好處，…這件事你也可以做得到。…因為你早就知道，…想像力給了你魔力。…

從這裡開始，觀察孩子的狀況，考慮降低音量。

觀察看看波蕾特現在感覺怎麼樣。…在她的家，那棵空心、溫暖的樹裡。…她似乎昏昏欲睡，…小小聲在打著鼾。…她在美麗又可靠的盾牌保護下，…安心又平靜。…你可得完全安靜…輕輕地哄她入睡。…

此時，家長可以再一次用和緩的力道，隔著孩子身上的被子按一按他。

注意看看你現在有多麼地睏。…這一片平靜，還有倦意。…就好像樹洞裡充滿一種魔法粉末，會讓人昏昏欲睡。…如果你想要的話，你可以躺在波蕾特身邊，…在你的盾牌保護之下，…就在夢境叢林中。…或者，你可以回到自己的床上，讓叢林裡的美夢來到你的身邊。…

床邊故事可以在這裡結束。或者，你也可以繼續念本書中的其他故事。

美洲豹亞努斯

在夢境叢林裡，睡覺時間到了，所有的動物寶寶都該睡了。如果你不出聲，可能已經可以聽到一些動物寶寶微微的鼾聲，或是動物爸媽哄動物寶寶睡覺時發出的沙沙聲響。⋯大部分的動物已經睡著了。在高高的樹枝上，鳥兒安坐在巢裡，把頭縮在小小的翅膀下。小老鼠在柔軟的苔癬墊子上，沉沉睡去。一隻松鼠猴躺著蜷縮在他濃密的尾巴下，覺得溫暖又有安全感。

叢林中那些美麗的花兒，在夜裡收合起花瓣；雨林的葉片上倒掛著彩色的蝴蝶，他們正安心地沉睡著，期待明天的到來。⋯

65

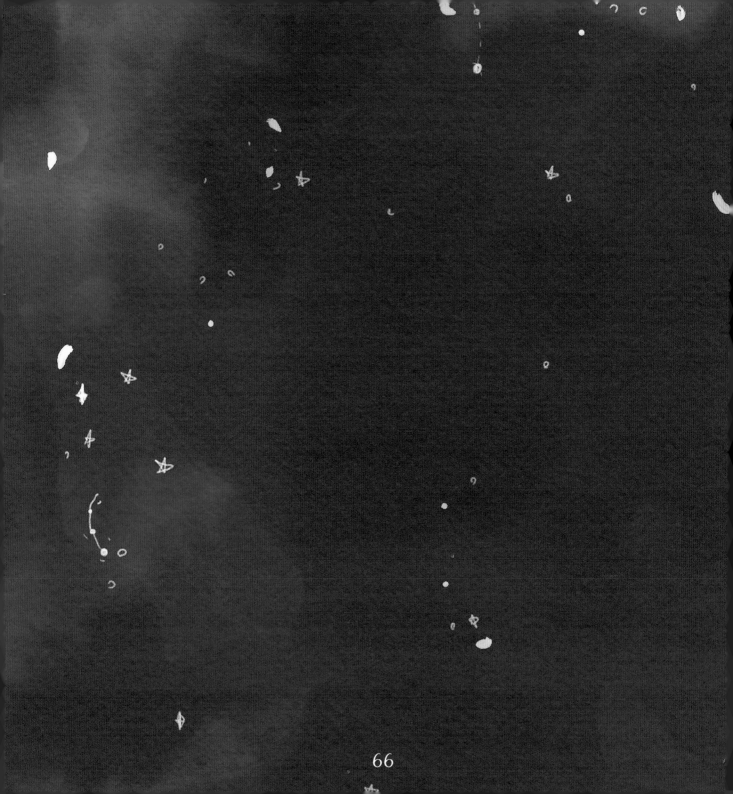

夢境叢林的天空中，小星星們悄悄探出頭來，月亮也把柔和的光芒灑落在叢林中所有的動物與植物上。⋯在溫暖的夜晚，一位猴子媽媽在一床又厚又軟的葉子下，正哄著她的孩子睡覺。⋯

 此時，你可以用和緩的力道，隔著孩子身上的被子按一按他。從肩膀開始，沿著身體和手臂往下按壓，一直按到孩子的腳掌。

就像所有在休息的動物寶寶一樣，你也可以感受看看該怎麼樣讓自己休息。⋯感受枕頭枕在你頭下的感覺，⋯也去感受你的頭放在枕頭上的感覺。⋯你可以感受看看你的床和床墊是怎麼支撐著你的，⋯你會感覺非常地安心與平靜，⋯當你聽著故事，你感覺越來越好。⋯有的小朋友喜歡現在就把眼睛閉起來，因為這樣他們可以好好地發揮自己的想像力。⋯有的小朋友會等一下，等到他覺得舒服的時候，讓越來越慵懶疲憊的眼睛自己慢慢閉上。⋯

但是，不是所有的動物寶寶都睡著了。⋯夢境叢林裡，不同角落中，有一些動物寶寶還睡不著。⋯希望你願意幫助他們平靜下來，讓他們能安心地入睡。

又來了，那個嘎吱聲和碰碰聲。⋯那一定是美洲豹亞努斯發出來的，他正在經歷生長痛⋯這不是第一次了⋯。⋯其實他的腿本來就已經很長了。⋯真不知道如果繼續這樣下去，他到底會長得多大。⋯最近，每一天該睡覺的時候，他幾乎都在抱怨。⋯幸好，我們可以幫助他。⋯我們只需要從生長藥草取得魔法叢林霜。⋯那總是有效。⋯

希望你願意幫助亞努斯。⋯想要幫助他，你需要運用你的想像力。⋯如果你還沒有閉上你的眼睛，現在是個好時機。⋯這樣一來，你可以把想像力發揮得更好。⋯

 請耐心等候孩子閉上雙眼。如果孩子不想閉上眼睛，張著眼睛也可以。

讓我們找看看哪裡長著生長藥草。⋯這種藥草不太好找到。⋯它們大多生長在古老的空心樹裡，這讓它們能安全地成長、茁壯。⋯那就是神奇的魔法叢林霜的來源。⋯我們其實很幸運，因為現在天很黑。⋯這樣子，我們就更容易看見生長藥草的小花散發出來的美麗紫色光芒。⋯只要你仔～細～找一找。⋯

當你找到了生長藥草，你可以小心地在你的手中收集幾滴叢林霜。⋯你應該已經可以看到它從藥草美麗的葉子上滴落下來。⋯就讓幾滴乳霜滴下來，落到你的手中。⋯就是這樣，沒錯。⋯

接下來，我們去找亞努斯吧。⋯他躺在河邊茂密的灌木叢裡哀哀叫。⋯只要跟著聲音走，⋯很容易就可以找到他。⋯試著注意一下，他看到你的時候，似乎鬆了一口氣。⋯叢林霜彷彿已經有點幫助了。⋯有魔力的事物就是這麼神奇。⋯最近，亞努斯的腿真的變得好長啊。⋯讓我們輕輕地幫他痠痛的長腿好好地抹上叢林霜。⋯

這時候，家長可以用一連串、流暢的動作搓揉孩子的雙腿，從孩子的趾尖或腳踝，往上搓揉到孩子的膝蓋或大腿。如果你們喜歡的話，也可以在手上抹一些乳霜或按摩油。很多孩子喜歡類似按摩的力道，不喜歡過於輕柔的手勁。

記得確認每條腿都有好好地抹上迷人的叢林霜。⋯瘂痛的腿上每個地方都要好好抹到。⋯同時注意到，亞努斯一下子就恢復了平靜。⋯看起來太棒了⋯感覺太棒了。⋯溫暖而柔軟的腿漸漸不再騷動，⋯腿也持續生長，⋯同時放鬆著。⋯柔軟而強壯的腿。⋯感覺真是太好了。⋯只要給它一～點時間。⋯我們都知道，當叢林霜的作用越來越強，⋯你也會越來越放鬆⋯自然而然地越來越放鬆。⋯稍等一下，讓叢林霜慢慢發揮作用。⋯柔軟的、溫暖的腿。⋯

 從這裡開始，觀察孩子的狀況，考慮降低音量。

就這樣，亞努斯平靜了下來。⋯也許他已經睡著了。⋯至少，他已經閉上了眼睛。⋯好累又好重的眼皮。⋯感覺看看亞努斯傳到你身上的溫暖，讓你覺得平靜，⋯他迷人的、柔軟的毛。⋯也許你甚至可以聞到叢林霜的香氣。⋯

如果你想要的話，你可以和亞努斯一起躺在這裡，⋯這樣子，你們可以互相取暖、互相照顧。⋯你也可以享受這隻美洲豹柔軟的毛緊貼著你皮膚的感覺⋯就在這個夢境叢林裡，⋯又安心、又柔軟，多麼美好，⋯或者，你可以回到自己的床上，讓叢林裡的美夢來到你的身邊。⋯

 床邊故事可以在這裡結束。或者，你也可以繼續念本書中的其他故事。

提升睡眠品質的
實用建議

本書中的睡眠建議也許能帶給你一些啟發。這些建議大致上適用於不同的孩子。對一些「一向」睡得好的孩子來說，日常變化不會造成太大的影響；而對其他孩子來說，則有必要確立每日一致的生活節奏。一般來說，孩子越小，對穩定性的需求就越大。

如果你的孩子是不易入睡的類型，那麼，在一段時間內每天確實維持固定作息，能幫助你的孩子建立這樣的節奏。

資料來源 ─────────────────────────────────────

丹麥衛生署（Sundhedsstyrelsen）
丹麥國家公共衛生研究院（Statens Institut for Folkesundhed，2020年）。〈系統性地審視數位設備對零歲至十五歲兒童與青少年睡眠的影響〉（Digitale enheders betydning for søvn hos 0-15-årige børn og unge. Et Systematisk Review）。

讓孩子每天在差不多的時間上床睡覺——週末也不例外。

睡前進行一些相對平靜的活動。玩激烈的遊戲或電玩會讓孩子無法馬上平靜下來。

避免和孩子在睡前談論他的煩惱。在一天中，另外找一個固定的時間來做這件事。

建立讓孩子感到舒適且熟悉的睡前儀式——熟悉感可以幫助你的孩子平靜下來並入睡。（歡迎透過 QR Code 下載「當我要睡覺的時候」學習單。你可以和孩子一起把睡前儀式寫下來或畫出來，並且進一步把它掛在牆上，比如孩子的床頭。）

在孩子睡前至少一小時內，不要讓他接觸螢幕。因為孩子的身體需要分泌睡眠荷爾蒙（褪黑激素）以幫助入睡，而螢幕會影響孩子褪黑激素的分泌。不妨試著用閱讀來代替，或者進行其他緩和的休閒活動——例如拼拼圖或畫畫。

在臥房中不放置或使用螢幕。臥房中有任何螢幕都會產生負面的影響——即使在靜音狀態。臥房中有螢幕可能導致孩子睡得太少，或者影響孩子的睡眠品質。這裡所講的螢幕包括電視螢幕、手機螢幕，以及平板螢幕。

孩子的床應該保持舒適宜人，也不該有太多可能干擾睡眠的因素。當孩子該睡覺時，你可以抖一抖被子、清空玩具、通風一下等等。

有些孩子可能在某個時期不喜歡在黑暗中睡覺。不妨試著把門開個縫，並且開著走廊的燈，或者，點一盞光線微弱的小夜燈。

什麼是催眠？

本書中的故事包含了各種練習，目的在於幫助你的孩子平靜下來，進而入睡。這些練習運用了不同的催眠技巧和放鬆技巧。

「催眠」最好的解釋是使人達到一種注意力高度集中的狀態；在這樣的狀態下，身體能夠放鬆，而大腦可以更輕易地處理不同的事情。

這種狀態也會出現在我們冥想、做白日夢，或者全神貫注於一本好書的時候。當孩子沉浸在遊戲中，聽不見你叫他上桌吃飯的聲音，彷彿需要被「喚醒」時，也處於類似的狀態。

研究顯示，催眠有助於提升睡眠品質。

更多關於催眠的資訊

資料來源

安巴兒與斯洛陶爾（Anbar, R.D. & Slothower, M.P.，2006年）。〈以催眠治療學齡兒童失眠：回顧性的病例分析〉（Hypnosis for treatment of insomnia in school-age children: a retrospective chart review）。《BMC兒科學》（*BMC Pediatr*），第6卷，文章編號23。

科恩與凱瑟（Kohen, D.P. & Kaiser, P.，2014年）。〈兒童與青少年臨床催眠──該做什麼？為什麼？怎麼做？：起源、應用與療效〉（Clinical Hypnosis with Children and Adolescents – What? Why? How?: Origins, Applications, and Efficacy）。《兒童》（*Children*），第1卷。

孩子的
睡眠需求

孩子需要的睡眠時間會隨著年齡增長而有所改變。下面列出了各個年齡段大致的睡眠時數，但請記得，每個孩子需要的睡眠時數可能有很大的差異。最重要的是孩子起床的時候神清氣爽、得到充分休息。

* 3～6歲的孩子大約需要10到12小時的睡眠。
* 6～13歲的孩子大約需要9到11小時的睡眠。
* 13～17歲的孩子大約需要8到10小時的睡眠。

有時候，你可能很難確定孩子實際上睡了多長時間。家長可以利用作者特別設計的睡眠日記簿來記錄孩子的睡眠情況。此日記簿共有兩種版本，一種是一般萬用版，另一種則是為年齡更小的嬰兒所設計、可追蹤全天睡眠的寶寶版，歡迎自行上網下載免費檔案並列印使用。

掃描QR Code，下載免費的睡眠日記簿！

〔juicy〕 004

夢境叢林【臨床催眠治療師送給家長的兒童睡眠讀本】
Drømmejunglen

作者	安娜‧克納高 (Anna Knakkergaard)
繪者	茱莉‧達姆 (Julie Dam)
譯者	李明臻
副總編輯	洪源鴻
責任編輯	柯雅云
封面構成	虎稿‧薛偉成
版面構成	虎稿‧薛偉成
出版	二十張出版／左岸文化事業有限公司
發行	遠足文化事業股份有限公司（讀書共和國出版集團）
地址	新北市新店區民權路 108-3 號 3 樓
電話	02‧2218 1417
傳真	02‧2218 0727
客服專線	0800‧221 029
信箱	akker2022@gmail.com
Facebook	facebook.com/akker.fans
法律顧問	華洋法律事務所／蘇文生律師
印刷	呈靖彩藝有限公司
裝訂	精益裝訂股份有限公司
定價	三八〇元
出版	二〇二四年七月——初版一刷
ISBN	978-626-7445-28-0 (精裝)
	978-626-7445-25-9 (ePub)
	978-626-7445-26-6 (PDF)

夢境叢林【臨床催眠治療師送給家長的兒童睡眠讀本】
安娜‧克納高（Anna Knakkergaard）著／李明臻譯
初版／新北市／二十張出版／左岸文化事業有限公司
2024.07 ／ 84 面／ 21 x 21 公分　譯自：Drømmejunglen
ISBN：978-626-7445-28-0（精裝）
1. 催眠　2. 睡眠　3. 育兒
428.4　　　　　　　　　　　　　　　　　　113007597